最容易打理的

迷你花园

陈菲 / 编著

U0271387

中国农业出版社

图书在版编目（CIP）数据

最容易打理的迷你花园 / 陈菲编著. -- 北京：中国农业出版社, 2015.11

（园艺・家）

ISBN 978-7-109-20547-5

Ⅰ. ①最… Ⅱ. ①陈… Ⅲ. ①盆栽－观赏园艺 Ⅳ. ①S68

中国版本图书馆CIP数据核字(2015)第127228号

中国农业出版社出版

（北京市朝阳区麦子店街18号楼）

（邮政编码100125）

责任编辑　张丽四

北京中科印刷有限公司印刷　新华书店北京发行所发行

2016年5月第1版　2016年5月北京第1次印刷

开本：710mm × 1000mm　1/16　印张：5.75

字数：130千字

定价：24.00元

（凡本版图书出现印刷、装订错误，请向出版社发行部调换）

前言 Preface

美丽花草的新同居时代

无论在哪个城市，但凡去到那些时尚的花艺店或家居生活馆，你都不难见到一些“新新”的绿植盆栽，许多不同品种的花草热热闹闹地挤在一个大口径花器里。它们虽然身材有高有低，长相更大不相同，却不分彼此十分友好地共享着有限的生存空间，活像相亲相爱的一家人，这些亲密同居的花草就是组合盆栽。

组合盆栽又叫迷你花园，日本人称它为“花器园艺”，在荷兰花艺界它更是地位崇高，被赞为“活的花艺、动的雕塑”。

优美的造型，迷人的色彩，考究的花器，组合盆栽看起来的确与花艺有许多相似之处，然而它们却有着更加旺盛的生命力。再漂亮的花艺，不出一两周时间，花儿们就要纷纷仙去。而组合使用的都是连土带盆活生生的绿植，有兴趣搬一盆回家，它至少也能陪你一年半载没有问题。

购买成品是懒人和大忙人的选择，有闲的时候，何妨自己动手来做呢？许多花友的家居和庭院里都有他们的得意之作，只需找到容易打理的品种，再懂一点色彩，懂一点造型，DIY 的乐趣将是无穷无尽的。玩腻了绿植单品，尝试组合会给你不一样的感受。相信么，它们会把你的有氧绿生活带进一片新的天地。

目录 Contents

Chapter 1

第一次就上手

Chapter 2

花草玩家爱混搭

Chapter 1

第一次就上手

1. 同类集结号

因为是把多株不同的植物莳养在同一个花器中，所以组合盆栽最重要的一点就是在混栽植物时要考虑其生长习性是否相容，特别是对水分和光照的需求要一致。一言以蔽之，迷你花园就是为花草同类项吹响的集结号。这些花草的习性必须相同，至少也要相近或类似。

· **单植** 这是组合盆栽里常用的手法，就是利用同一种植物重复进行的组合，来表现植物群体美的一种方法。例如不同色彩品种蝴蝶兰的组合，或者近些年大热的园艺时尚种子小森林，都属于单植。由单植所设计的组合盆栽，植物的生态习性相同，对环境条件要求也相同，因此日常管理相对简单易行。

· **混植**：混植是相对单植而言，就是将不同的植物栽种在一起。相对来说，混植技术要求较高，首先要了解每种植物的习性，习性相差太大的不宜混植在一起，以免给管理带来难度。虽然日常管理的难度变大了，但因为引进了搭配和设计的理念，混植无疑也为园艺爱好者们提供了更加广阔的创意空间。

通常来说，制作组合应用较多的花草有以下几类：

· **多肉类**：多肉的适应性极强，大多原生在荒漠或半荒漠的自然环境中，肥硕的变态茎内贮存大量的水分，表皮具有极强的保水性能，长期的自然进化过程中形成了耐旱的特性。因此多肉极适合组合盆栽，一直得到花友们的大爱和热捧，但不宜与其他类花草混植。

· **观叶类**：这类植物如天南星科、竹芋科、蕨类植物、藤蔓植物等，叶片色泽富于变化，叶形美观宜赏，是组合盆栽的优选种类，尤其在家居绿饰中应用较多。如白掌、黛粉叶、玫瑰彩叶芋、孔雀竹芋、紫鹅绒、花叶常春藤、铁线蕨、凤尾蕨、鸟巢蕨等。

· **观花类**：一般花色艳丽、植株小巧的类型均可采用。如常见的蝴蝶兰、仙客来、美女樱、文心兰、石斛兰、矮牵牛、长春花、天竺葵、三色堇、郁金香、报春花等。因为花色纷繁俏丽，有着金牌级的观赏价值，此类组合盆栽也是园艺爱好者心中的宠儿。

2. 基质是关键

基质是植株能否生长良好的基础，虽然每一种植物对基质的要求不同，但都有一些共性，如土壤宜疏松、排水性、保水性及通透性良好，并要求有一定的肥力。目前常用于组合盆栽的基质有以下几种：

- **泥炭土：** 排水性和透气性良好，保水能力强，有机质含量较高，呈弱酸性，常与其他基质混合使用。
- **腐叶土：** 由落叶、杂草及菜叶等与土壤分层堆积1～2年腐熟发酵而成。含丰富的有机质，通透性好，重量轻，疏松肥沃，有良好的保水保肥能力，呈弱酸性。
- 蛭石：蛭石呈块状、片状和粒状，含有一定量的矿物质元素，质轻、无菌、水肥吸附性能好，不腐烂。
- **砻糠灰：** 是谷壳不完全燃烧后形成的，呈中性或弱酸性反应，钾素含量较高，通透性较好。
- **炉灰渣：** 质轻，呈酸性，含有较多养分，可代替沙土作培养土材料。
- **木屑：** 由锯末堆制发酵而成，通气性、保水性良好，含有一定的养分。
- **陶粒：** 是经黏土、粉煤灰、页岩、煤矸石等高温烧制而成，规格有多种，常用于附生植物栽培。
- **苔藓：** 通气性、保水性良好，但易腐烂，多用于附生类型植物的栽培。

在栽培前，应根据植物的特点，选择不同的基质配制营养土，如栽培均为地生类型的，基本上可采用同一配方，但酸性土与非酸性土植物种植在一起时则要对土壤进行酸碱度的调整，以满足植物生长的需要。附生植物与地生植物共植一盆时，栽培基质应分别配制，如栽培蝴蝶兰宜选用水苔，也可将原盆直接栽入，不能栽培在普通的营养土内。

组合盆栽多选用的是质量较轻的基质，如果配制营养土的土质过轻，应在盆底垫入一些石块，以免头重脚轻失去平衡。种好后可在盆面摆放一些彩色石子或兰石，增加装饰效果。

3. 花器仔细挑

组合盆栽既然有着“活的花艺”之美誉，它与花艺之间就有着许多共通之处。家居花艺有多种类别，欧式花艺讲究型格，日本花道讲究野趣，而中国传统式的插花则讲究人文、自然和生活情趣。总而言之，花艺是一种造型艺术，不仅注重花草本身，也注重花器的形态，以及花器与花草之间的配搭，其中的条条道道同样适用于组合盆栽。

现如今，我们在市场上能够见到的花器，种类之繁多足以令人眼花缭乱，红陶、紫砂、瓷器、陶器、瓦器、石盆、木盆、藤篮、铁艺，如此等等。此外，还有各式创意花器可资利用。

· 红陶、紫砂、陶土盆、瓦盆

以上四种，尤其红陶和紫砂，是居家园艺最为通用的选择。而它们的共性在于透气性与排水性良好，十分地有利于花草的生长。色调上来说，无论对于观花类或是观叶类，都有着百搭的效果。至于风格，属于拙朴、自然型，很容易融入家居和花园环境。另外，红陶作为最主流的花器，造型已极大丰富，完全不必担忧它们缺乏时尚感。

· 瓷器

瓷器的透水、透气性稍差，但对于大多数普通型花草来说影响不大，可以适用。它们有较强的现代感，外观上来说，色彩、造型变化较多，富于美感和艺术性，是居家园艺的常选花器。但也正因为多姿多彩，对搭配功力要求较高。

· 玻璃花器

因为透明无色，看起来简单、自然，与各种花草都很容易搭配。尤其是多种造型的吊挂式玻璃花器目前在市场上相当热卖，在多肉和空凤这些迷你型花草组合中应用极多，得到青春一族大爱，独有一种清新和梦幻感，而且非常时尚。

· 铁艺、不锈钢花器

金属材质自身的冷酷硬朗感令它们颇富有现代色彩，也因此增加了时尚气息。尤其铁艺，流行程度很高，许多青春族对它们青睐有加。

· 木质盆、藤篮

藤、木材质属于最典型的田园风花器，因此自然、朴素、简约、温润，充满柔和感，色调多为中性色，非常百搭，也很容易融入家居和花园环境。对于天天和花草植物打交道的园艺爱好者来说，无论什么年龄，几乎人人都爱田园风，也都愿意喜欢此类花器。

· 石质盆

笨重、透气性差，但大方、帅气、如果表面有饰纹，通常也是风格粗犷，一派欧式风范。用于草花组合是最佳选择，有着金牌级的观赏效果。

· 创意花器

对于想象力丰富的人来说，“花器”指代所有可用于栽花种草的容器，并没有什么固定的形式。如何选择、如何运用，全要看种植的花草，以及与周遭环境的配搭。

正如花木逢春自然而发，与之相应的花器亦不必拘泥。生活中的日常器物，周遭的一石一木，都可顺手拈来，如若调停得当，则更有一番别致的情趣。是以收纳盒、手提袋、酒杯、盘子、饮料罐，无所不能。

有经验的园艺家喜欢借由花器与花草的配搭，创造出心中的美好“意境”。而这种意境的创造，又要循着花器本身的特质，花草本身的特质，寻找它们之间一点相通的灵犀，让最终得到的整个造型效果看上去自然、灵动，没有任何刻意的造作，没有人工斧凿的痕迹。这样的作品，其清新质朴，曳然生成，自有一番天地。

4. 色彩轻松搭

· 色彩的宜少不宜多原则

对于专业的设计师和一些天生艺术细胞发达的花友来说，驾驭色彩是一个充满趣味的游戏，在花草园艺的缤纷天地里他们长袖善舞。然而，毕竟大多数的园艺菜鸟们并没有那么优秀的审美能力，那么色彩搭配的基本原则就是宜少不宜多，愈简单愈不容易出错。

· 有趣的色相环

12色相环

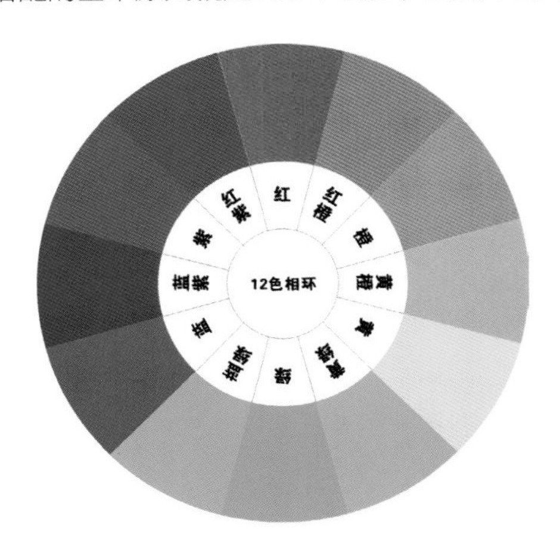

12色相环是由原色（primary hues），二次色（secondary hues）和三次色（tertiary hues）组合而成。色相环中的三原色是红、黄、蓝色，彼此势均力敌，在环中形成一个等边三角形。

二次色是橙、紫、绿色，处在三原色之间，形成另一个等边三角形。红橙、黄橙、黄绿、蓝绿、蓝紫和红紫六色为三次色。三次色是由原色和二次色混合而成。

井然有序的色相环让使用的人能清楚地看出色彩平衡、调和后的结果。

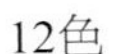

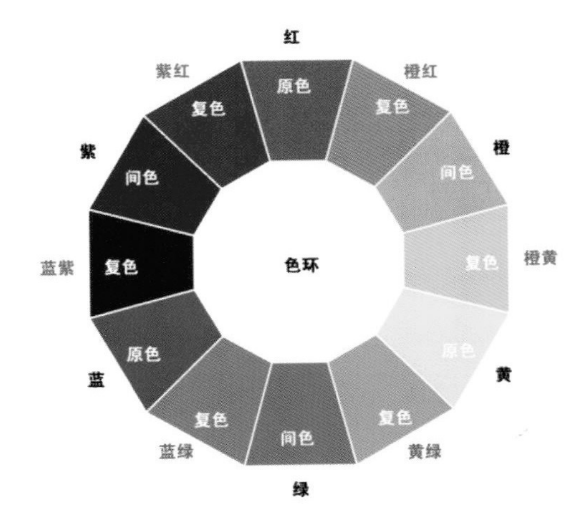

三原色：红、黄、蓝

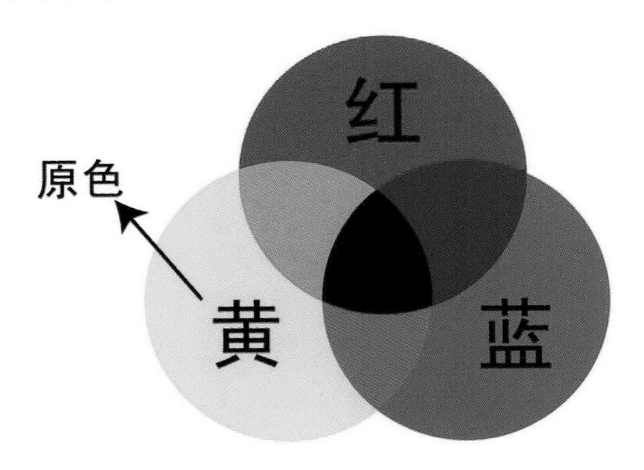

二次色：橙、紫、绿色

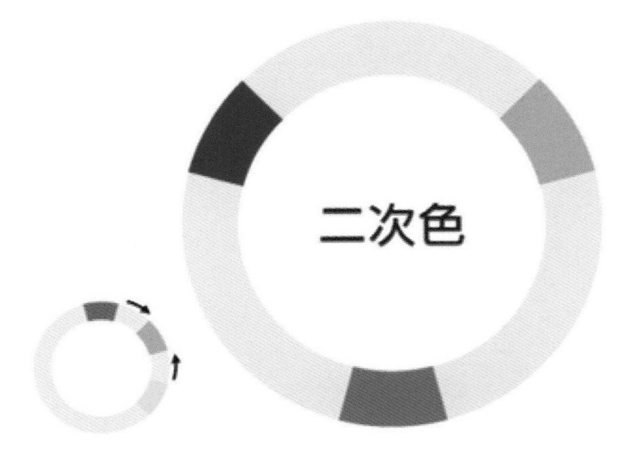

三次色：红橙、黄橙、黄绿、蓝绿、蓝紫、红紫

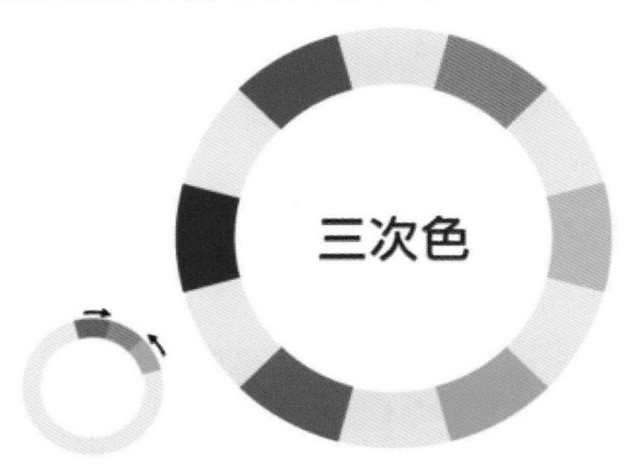

· 何谓百搭色

百搭色就是可以与所有的色彩搭配的颜色，通常所指就是黑色和白色。如果组合盆栽花器的色彩为黑色或白色，上面的花草绿植就可以随心搭配。

另外，对于花器而言，红陶和紫砂的色彩也算百搭色。

· 中性色的柔和之美

咖啡色系、米色系、灰色系、茶色系，这些中性色最显著的特点是柔和、稳重、优雅、大方。花器当中，陶土盆、石质盆、木质盆、藤篮大多就是这几种颜色，它们与花草绿植的搭配效果几乎等同于百搭色，而视觉效果又更加温和，很值得推荐。

· 人气旺旺的近似色搭配

近似色搭配是指选择相邻或相近的色相进行搭配。这种配色因为含有三原色中某一共同的颜色，所以很协调。因为色相接近，所以也比较稳定，如果是单一色相的浓淡搭配则称为同色系配色。如红色与橙红或紫红相配，黄色与草绿色或橙黄色相配等。近似色搭配协调性好，在服饰当中非常实用，通常给人以成熟优雅的感觉，深受职场女性青睐。同样，在园艺色彩中，近似色和同色系搭配也有着简洁大方的视觉效果。

· 稳妥的同色调搭配

或许你对色彩所知无多，但你一定听说过所谓的暖色与冷色。色调在冷暖方面分为暖色调与冷色调，红色、橙色、黄色为暖色，象征着太阳、火焰。绿色、蓝色、黑色为冷色，象征着森林、大海、蓝天。灰色、紫色、白色为中间色。暖色调的亮度越高，其整体感觉越偏暖，冷色调的亮度越高，其整体感觉越偏冷。同色调搭配是一种非常稳妥的配色方案，只要色调相同，好几种颜色搭配在一起也不会有冲突感，可以放心大胆地应用。

· 恼人的补色

补色搭配：指在色相环里两个相对的颜色的配合，通常视觉对比过分强烈鲜明，容易给人俗气的感觉，不宜采用。如蓝与橙，紫与黄。本来红与绿也应该算补色搭配，但绿（叶）当然算是园艺色彩中永恒的百搭色，所以红配绿成为特例，不在补色行列。

在色彩繁复的草花组合中，很容易出现补色搭配的情况，没有必要刻意回避。调和方案就是花器一定要选用百搭色或中性色，一切就轻松地归于平衡了。

· 观花植物与彩色花器

直观地想象一下，从头到脚都花里胡哨肯定不太悦目，但这两者也并非水火不能相容。组合作品中观花植物通常都作为主体植株存在，可以选用与它的花色相同色彩的容器，这样看起来非常协调，有一种和谐的美感。而且颜色不完全一样也没关系，只要是同色系的都可以。

5. 造型很简单

老外们喜欢管组合盆栽叫“迷你花园”，是因为它们像花园却又迷你、小巧、可爱，也可以算花园的微缩版吧。所以组合盆栽的造型方法与花园的立体空间设计颇有几分相似之处，层次感是造型的关键。

丰满协调、轮廓清晰、立体感强，是组合作品最理想的造型效果。朝着这个方向，在动手之前，首先应对植株的外形有所选择，一般植物的外形可分为直立形、丛生形、蔓生垂悬形。直立形如蝴蝶兰、文心兰、郁金香、富贵竹等，丛生型如绝大多数的观叶植物和草花，蔓生垂悬形如常春藤、吊兰、绿萝、矮牵牛、芙蓉酢浆草、美女樱、假马齿苋和一些绿蕨品种。

所以“立、密、垂”就是在制作组合盆栽的时候需要遵循的设计原则。组合作品中对植株的安排通常有两种方式：一种是直立向上型在花器后侧，浓密丛生型位于中间，最前方布置垂吊漫溢型的植物；或者把直立向上型摆放在中间，浓密丛生型环绕四周，最外围适当布置一些垂吊漫溢型。

另外，制作组合盆栽需要充分考虑作品与家居环境的比例。如摆放在餐桌上的盆栽小品，尽量选择低矮型植物组合，以避免就餐时造成沟通障碍。

6. 养护也不难

组合盆栽不同于花艺作品，它要求的观赏期要长得多，栽培养护尤为重要。组合盆栽又不同于一般的盆栽花卉，大多是不同的花草组合在一起，要求的环境条件略有差异，需要我们去精心呵护。

日常养护尤其要注意以下几个要点。

- **水分**：组合盆栽的浇水难度较大，不同于一般的盆栽花卉。一般植株的密度较大，土壤的蒸发量较小，但叶片多，通过叶片蒸发量较大。有时候为了观赏需要，把少量不同习性的植物同栽一盆，最好先把这类植物先植入小盆中，再栽入大盆，这样可有针对性地控制浇水。
- **施肥**：对于组合盆栽来说，土质不宜过肥，日常管理中肥力的补充也不是多多益善，以免植株生长过快过旺，而影响株型。总体的原则应能够维持植株均衡、稳定的生长态势，以保持较长时间的最佳观赏效果。
- **修剪与更新**：在养护过程中，要不断对植物进行修剪整形，一些干枯的枝条，过密枝、病虫枝以及影响株型的枝条要及时剪除，也可用摘心来控制植株的生长速度与高度。有时在养护过程中，出现长势衰弱或中途死亡的个别植株，要及时更新替换掉，以免影响整体的观赏性。

Chapter

2

花草玩家
爱混搭

1. 多肉小品玩萌感

多肉植物向来以植物形态雕塑感强、有风不起落叶的美名著称，而且它们憨态可掬的小模样和缤纷绚美的色彩让越来越多的花友爱上它没商量，并且沉迷其中不能自拔。全世界的多肉品种多达上万，色彩则绿、红、黄、蓝、灰、紫色等一应俱全。丰富多彩的品种组合，再精心搭配以相宜的花器，看似简单的植物加法就会在瞬间华丽变身而为花园或家居里生动的艺术品。

◆ 最爱是红陶

红陶盆
+
多肉植物

WORK

01

效果点评 > 多肉组合色彩只有灰和绿两种，看起来清爽素淡，品种也不算多，显然作者想在花器上多下些工夫。搭配三个娟秀的细质小红陶盆，分别为它们加上麻绳、拉非草和蕾丝花边的点缀，大大增加了随性的艺术感，花器立刻变得个性化起来，显得那么活泼可爱。

花草清单 > 观音莲、星美人（红菩提）、虹之玉、千佛手、若绿

红陶盆
+
多肉植物

WORK 02

效果点评 > 此作品最大的优点在于重点突出，主次分明。一朵硕大的紫珍珠像花王牡丹一样占据了视觉焦点的主体位置，其他株型较小的作为过渡，垂悬型的球松和佛珠则位于侧边，对观者的视觉有向外和向下牵引的作用。作者借鉴的是家居花艺小品里常见的构图手法，而实际上，二者本来也就是姐妹艺术。

花草清单 > 火祭、紫珍珠、八千代、香蕉草、球松、佛珠、兰石莲

红陶盆
+
多肉植物

WORK 03

效果点评 > 风格粗犷的红陶盆与风格粗犷型的多肉，无论怎么随心搭，都很容易出彩。

花草清单 > 火祭、紫珍珠、乙女心、红辉艳、白美人、黄金花月

◆ 铁艺·怀旧

铁艺
+
多肉植物

WORK

04

效果点评 > 在当下人气大旺的多肉组合中，形形色色的铁艺花器被广泛应用。在家居软装领域里，带有做旧效果的铁艺亦是最时尚的元素之一。所以铁艺与多肉的搭配，不知不觉中仿佛已成了公认的默契。尽管自身的形象不乏冷酷硬朗，萌态十足的多肉却能够恰到好处地中和它们的冰冷。

花草清单 > 吉娃娃、不夜城、虹之玉、钱串子、火祭、万重山、菊丸

WORK

05

铁艺
+
多肉植物

效果点评 > 此组合作品可算以简洁取胜的典型案例。手提式铁艺三连罐最大的特色在于它们的三位一体，因为花器是棕红色，所以选择了和它色彩非常相近的赤玉土作为基质，使得整体的和谐感大大飙升。每个小罐里仅有一株多肉，只是品种各不相同，因此养护打理也相对简单容易，并轻松保持较长的观赏期。整个作品看起来简洁和精炼得就像一首字字珠玑的小诗，却已胜过千言万语的赘述。

花草清单 > 吉娃娃、霸之朝、黄丽

铁艺
+
多肉植物

WORK

06

效果点评 > 做旧效果的铁艺手提篮成为多肉组合的花器，选择水苔作为基质令整体更显浓郁的怀旧风格，可谓相得益彰。

花草清单 > 球松、火祭、白美人、白牡丹、紫珍珠、香蕉草、霸之朝、乙女心、黄丽、爱之蔓

创意花器
+
多肉植物

WORK

07

效果点评 > 园艺之美在于创造。无法想象，如果少了木锯子、浇花壶、麻布袋与锈迹斑斑的铁链，这个多肉组合将会如何地流于俗套。做旧的日式杂货与多肉的搭配，看似凌乱的表象下隐藏着很随性的美感。它不单是优秀的组合作品，更是耐人回味的花园一角。

花草清单 > 球松、火祭、虹之玉、八千代、若绿、绒针、吉娃娃、白牡丹、紫珍珠、常春藤、佛珠

WORK

08

效果点评 > 多肉花环非常时尚，很多肉迷们都愿意亲自动手尝试一下。制作过程并没有多么地艰深复杂，出来的效果又非常讨喜，或许这就是它大受欢迎的原因吧。圣诞隆冬时节，适逢多肉的美好青春季，它就成了吸睛有爱的节日家居装饰。看腻了用松果、圣诞红组合的花环，多肉花环一定会带给你和家人别样的惊喜。而且，选择多肉植物时色彩一定要丰富多样，最终才能获得“缤纷”的花环效果。

花草清单 > 火祭、虹之玉、薄雪万年草、黄丽、宝石花、马齿苋、白牡丹、青星美人

附 > 多肉花环 DIY 教程

1. 在环形金属框（淘宝上可买到成品）里铺上麻布片，然后装满泥炭土。
2. 种进多肉小植株，压实根部，并在空隙处填充水苔。
3. 依次种进多肉，填充水苔，直到填满整个金属框。
4. 最后浇透水，大功告成。

铁艺+多肉植物

WORK

09

效果点评>这是作者从日本园艺杂志上学来的多肉组合DIY，简直让人一见倾心！生锈的铁环加上铁丝缠绕、几件废旧的花园工具（劳动手套、土耙、花铲、迷你浇花壶）、还有肥美鲜活的多肉，天才的创意把它们组合到了一起，就成了一件给人感觉酷毙的美丽园艺小品。一切都是锈锈的，却锈出了迷人的风采。而小肉肉们在斑驳锈迹的映衬下，显得愈加青葱翠绿，充满了生命的活力。

花草清单 > 虹之玉、薄雪万年草、球松、黄丽

附 > 日式多肉组合 DIY 教程

1. 准备工具和素材：水苔、移苗用尖形小铲、橡胶手套、缠绕铁丝的铁环，环上依次布置劳动手套、小铁桶、土耙、带柄浇花壶、花铲和浇花壶，并用铁丝固定。

2. 干水苔用水充分浸泡后捞起。

3. 将泥炭土填充满几个花器。

4. 在浇花壶里种上多肉小植株，并在四周的空隙处填充水苔。

5. 小桶和带柄壶也同样种好。

6. 最后在花铲内也填满泥炭土，并种进多肉，如株型不够理想可适当修剪。

7.浇透水，完成。

WORK

10

效果点评 > 近几年，这种纯白色的铁艺鸟笼作为家居饰品越来越频繁地出现在我们的视野之中，它的西洋气质和时尚魅力都令人无可挑剔。此处作为多肉组合的创意花器，它又呈现出别样的风情。尤其搭配这张白色的藤艺花园桌，摆放在欧式花园里，即刻会成为夺人眼球的视觉焦点。

花草清单 > 八千代、月兔耳、铭月、小和锦

◆ 原木的田园气息

WORK

11

效果点评 > 多肉组合色彩各异，形态则有的纤长垂悬有的敦厚圆整，可谓零而不散杂而不乱，色与形均达到了错落有致的最佳境界。

木质收纳盒与覆铁纱网盒盖，仿佛经历过时光淘洗的做旧效果令它们更显个性和特色。收纳盒共有六格，却只有左上方的三格栽满多肉，右下方的三格有一格填充了基质但没有植物，余下两格空白，采用的是中国画里的留白手法。右下角的空白格里摆放了一个偶人形的细质小红陶盆，里面随意种有两株多肉，看似无心，实则如同国画里压角的印章，令整体视觉重心得到平衡。此组花器与植物的搭配过人之处在于布局十分巧妙，而创意花器的终极魅力亦尽在不言中。

花草清单 > 观音莲、石莲花、宝石花、星美人（红菩提）、香蕉草（紫弦月）、虹之玉、铭月、青星美人、薄雪万年草

WORK 12

效果点评 > 生活中美丽的花器无处不在，关键在于要有一双发现和挖掘它们的慧眼。独轮小车让普通的多肉组合有了令人激赏的个性，从而摇身一变，成为有着金牌级观赏价值的园艺小品。

花草清单 > 香蕉草（紫弦月）、球松、黄丽、白牡丹

创意花器
+
多肉植物

创意花器
+
多肉植物

WORK 13

效果点评 > 木器，其实更多的时候就是野外捡来的一截朽木，作为创意花器，会让多肉组合生出别样的韵致。因为造型拙朴，充满原生态气息，它们与多肉成了绝佳拍档，倍受园艺爱好者青睐。此作品看起来文气十足，很适合作为书房装饰。

花草清单 > 日本小松、铭月、人鱼

◆追逐时尚的陶瓷

瓷盆
+
多肉植物

WORK
14

效果点评> 毋庸置疑，这种小马造型的肉肉极为罕见，定然是小朋友们的最爱，当然，它的制作也有相当的难度，我们只能从花市里购买成品。可以用它作儿童房里的装饰品，会让你的宝贝激动得睡不着觉。或者摆放在童心花园里，也是非常吸睛的园艺小品。

花草清单> 八千代、筒叶花月、铭月、白牡丹、宝石花、观音莲、日本小松

瓷碗
+
多肉植物

WORK
15

效果点评> 形状圆润的日式瓷碗套盘看起来非常具有可爱感，与超Q的肉肉首先在风格上就很搭调。加上色彩为黑白配，两种百搭色，所以多肉可以任意选随心搭，都不会出错。作品整体有着强烈的萌感，适合用于装饰儿童房。

花草清单> 山吹、宝草、观音莲、子孙球、海王星、胧月

WORK

16

效果点评 > 花色品种繁多的草球大集合，色彩鲜艳几乎不逊于观花植物，形态也丰富多变，搭配很有现代感的白色陶盆，基质表面再饰以彩色碎石，令整个组合看起来就像手绘动漫一样时尚并充满 Q 感。适合用于装饰儿童房，相信也会很讨青春族的欢心。

花草清单 > 玉翁、绯牡丹、绯花玉、黄雪光、金晃、鸾凤玉、兜锦

◆别有风味的紫砂

WORK

17

效果点评 > 草球组合，或者是草球加多肉的组合也是多肉组合中的一个重要组成部分。因为色彩艳丽形态各异，盆土表面又通常用彩色碎石加以装饰，让它们每个看上去都像一幅生动的儿童漫画，而这正是它们最大的魅力所在。

花草清单 > 绯牡丹、绯花玉、乌羽玉、十二卷、观音莲、宝草、白毛掌、皂质芦荟、豹头、

WORK

18

效果点评 > 同样还是盆土表面饰以彩石的草球加多肉组合，因为使用的花器是紫砂盆，增加了稳重成熟感和文化气质，可以用来布置书房。而且肉肉和草球都是抗电脑辐射的高手，摆放一盆在书桌案头，好处多多。

花草清单 > 玉翁、绯牡丹、银手指、黄雪光、十二卷、观音莲、玉树、宝草、玉露、长寿花、筒叶花月、皂质芦荟

紫砂盆
+
多肉植物

2. 绿植当中找野趣

大多数人购买或制作组合盆栽的主要目的是家居绿饰，用于居室内的布置和装饰，因此耐阴的观叶植物便成为组合作品的主力军而被大量应用。另外，观叶植物的新型园艺品种也在持续不间断地被培育出来，它们早已不只局限于传统的单一纯绿色，市面上能够见到越来越多的彩叶、花叶、斑叶、条纹叶等新品种。这些因素也让观叶类的园艺观赏价值得以大大提升，使得观叶绿植组合作品变得更具时尚感，更加吸引眼球。

使用观叶绿植制作组合盆栽同样也须注重色、型搭配之中的平衡感，尽管都以绿色为主调，品种堆砌过多也会产生冗乱之感。选用彩叶和花叶品种为主时，花器的风格务必要朴素清简，才能更好地衬托花草的品貌；绿植品种数量繁多时，务必要以绿叶类为主，不用花叶类或零星点缀一两株即可，另外造型也须尽量简洁为好。总而言之，简约大方才是永不落伍的时尚，这是装饰之路上颠扑不破的万应秘笈。

◆ 原木的田园气息

WORK

01

效果点评 > 此作品构成简单，所选用的绿植都是普通常见的家养品种，比较容易打理，碳烤木盆和绿植有着百搭的效果，算是一个大众化的作品。可作为家居绿饰的通用型选择。

花草清单 > 三色铁、吊兰、波士顿蕨、皱叶冷水花、彩叶草

木质花器
+
绿植

WORK

02

效果点评 > 此组合中所选用的绿植都是普通常见的家养品种，养护打理比较容易。防腐木制成的独轮小车作为创意花器，让普通的绿植组合有了更好的观赏性。

花草清单 > 虎尾兰、网纹草、黄金葛、三色铁、扶芳藤

木质花器
+
绿植

瓷盆
+
绿植

◆追逐时尚的陶瓷

WORK

03

效果点评 > 此作品的造型有很好的层次递进感，绿植葱茏繁茂，繁简适中，疏密得当，搭配白色瓷盆在视觉上有提亮的效果。扭成弯曲造型的富贵竹象征吉祥富贵，且有转运涵义，幸福树则有祝福爱情甜美婚姻幸福的涵义，摆放家居当中能为主人带来吉祥好运，是相当不错的绿饰之选。

花草清单 > 红掌、幸福树、铁线蕨、富贵竹

WORK

04

效果点评 > 此作品小巧玲珑，造型清简，色调淡雅，仿茶壶造型的花器上刻有叶片饰纹，相当别致。整体观感很容易带人进入一种心平气和的境界里去，所以是装饰书房的上佳选择，陈列于书桌上作为案头清供最为相宜。

花草清单 > 发财树、白脉椒草、网纹草

瓷盆
+
绿植

陶土盆
+
绿植

WORK

05

效果点评 > 此作品中繁密的转运竹是展示重点，象征着吉祥富贵、开运和时来运转。基部一丛肾蕨为整个组合平添了几分盎然的绿意。瓮形的陶土盆为中性百搭的米黄色，盆壁上很随性地涂抹了几笔绿色，与上半部的植栽搭配相当有和谐感。是馈赠生意场上经商的朋友的绝佳好礼，一定会大受欢迎。

花草清单 > 富贵竹、肾蕨

陶土盆
+
绿植

WORK

06

效果点评 > 此组合中所选的几种绿植均为粗放管理型的懒人植物，养护打理比较轻松。选用的花器虽然单看古韵悠然，比较美观，但与上半部的绿植搭配起来看就显得纹饰过于繁复，上下都流于花哨，缺乏视觉重点，成为不足之处。

花草清单 > 虎尾兰、短叶虎尾兰、草球、朱蕉

瓷盆
+
绿植

WORK

07

效果点评 > 此组合使用的是二合一的连体型花器，最大的优点是可以将不同品种的花草分开养护，比较容易打理，保持花草的良好状态，获得较长的观赏期。缺点则是花器略嫌粗糙，不够精致。

花草清单 > 肖竹芋、短叶虎尾兰

WORK

08

瓷盆
+
绿植

效果点评 > 使用连体型花器做组合，造型方法与普通组合一样，应把高挑的主体植株安排在靠后或中间的位置。三个木桶款型花器连为一体，搭配相应的绿植，整体给人以清爽利落感，不拖泥带水。初初一见觉得平凡不起眼，但所谓的“耐看”要的就是这种效果，故而算得上一件不错的绿饰作品，比较“宜家”。

花草清单 > 发财树、豆瓣绿、网纹草

WORK

09

效果点评 > 两件作品异曲同工，都是群植的迷你型发财树，显然是想取其招财、生财、财源滚滚的吉祥寓意。茎干扭曲编结成辫状造型的发财树，还有着扭转乾坤的特殊含义。另外，两个花器上分别写有“一帆风顺”、“五福临门”的祝福语。所以是赠送生意场上朋友的年节好礼，或用于祝贺朋友新店开张、公司开业。

花草清单 > 发财树

瓷盆
+
绿植

WORK 10

瓷盆 + 绿植

效果点评 > 三种绿植都是常见品种，养护打理容易。整个组合体积不大，方便移动，适合摆放于家居任何位置。

花草清单 > 发财树、红脉网纹草、白网纹草

瓷盆 + 绿植

WORK 11

效果点评 > 此组合中三株花草为清一色的绿色调，浓稠的绿意带来很好的静心效果，而且体量适中，用于布置书房和卧室都是最好的选择。

花草清单 > 肖竹芋、网纹草、圆叶福禄桐

WORK

12

效果点评 > 两种彩叶粗肋草叶片上都带有大量黄色斑纹，搭配同色系的花盆效果就不很理想。上下色调过于接近，不能很好地衬托出绿植，改用深色调如棕褐色的花器，观赏效果应能加分。

花草清单 > 彩叶粗肋草、豆瓣绿

瓷盆 + 绿植

WORK

13

效果点评 > 随着各种观叶植物的彩叶园艺品种的不断开发，观叶绿植的观赏价值也在持续提升中，斑斓多彩的叶色装饰效果有时几乎能与花朵相媲美。此作品中所用绿植就是很好的例证，但搭配的花器还应该走更加精致化的路线，整体效果才会更好。

花草清单 > 红脉网纹草、冷水花、彩叶粗肋草

瓷盆 + 绿植

瓷盆
+
绿植

WORK

14

效果点评 > 几种彩叶植物组合在一起的视觉效果很是清新柔美，非常适合青春一族和女性朋友。遗憾的是花器搭配欠佳，过于粗糙不够精致，令整体装饰效果打了折扣。

花草清单 > 彩叶粗肋草、红脉网纹草、鸟巢蕨、嫣红蔓

瓷盆
+
绿植

WORK

15

效果点评 > 文竹亭亭玉立，纤秀、轻盈，是为别具文人气质的绿植。罗汉松则有着静心修炼、刻苦精进的寓意。竹节造型的花器上有竹叶图案和“竹报平安”字样，亦有着浓浓的书卷气。所以此组合是布置书房的不二之选。另外，使用连体形花器对文竹的单独养护打理十分有利，特别值得推荐。

花草清单 > 文竹、罗汉松、网纹草

WORK

16

效果点评 > 此组合中选用的两种绿植都已是斑叶品种，因此搭配的花器显得过于花哨，成为明显的不足之处。

花草清单 > 肖竹芋、网纹草

瓷盆
+
绿植

WORK

17

效果点评 > 朱砂根又名“金玉满堂”或者“黄金万两”，有富贵生财的吉祥寓意。它株形优美，红果累累，模样十分讨喜，而且观果期就在新春佳节前后。此组合不仅选用朱砂根作为主体，搭配的花器也是金碧辉煌，上书大红“发”字，且器型为元宝造型，可谓把“发财”的主题一路进行到底。因此选它作为馈赠生意场上经商的朋友的新年礼物，将无比给力。

花草清单 > 朱砂根、洒金榕、鸭爪木、网纹草

WORK

18

效果点评 > 花叶福禄桐不仅叶形叶色美观，而且因为名字含有“福禄”二字而常有富贵吉祥的美好寓意，它的花语为福禄双喜。此组合作品以福禄桐为主体，搭配的花器亦为吉祥图腾造型，且上书“福”字。因此作为家居绿饰不仅观赏效果颇佳，还能带来好的风水运道。

花草清单 > 花叶福禄桐、密叶竹蕉、网纹草

WORK

19

效果点评 > 此作品主体为茎干扭成弯曲造型的转运竹，象征着吉祥富贵、开运和时来运转，基部一丛彩虹肖竹芋大大丰富了组合的色彩构成。搭配的花器则很有艺术气质，盆壁上的书法颇耐人寻味，看起来更像搭配花艺作品的专用花器，而不像普通栽植用的盆器。推荐作为客厅绿饰。

花草清单 > 富贵竹、彩虹肖竹芋

WORK

效果点评 > 此组合以一枝高挑的花叶榕为主体，相对矮小的白脉椒草和冷水花作为陪衬。搭配的瓷盆为破裂的蛋壳形，颇具童趣和可爱感，成为最吸引视线的地方，因此是装饰儿童房的上佳选择。

花草清单 > 花叶榕、白脉椒草、玲珑冷水花

陶土盆
+
绿植

WORK

20

效果点评 > 此作品构成简单，所选用的绿植都是普通常见的家养品种，比较容易打理，可作为家居绿饰的通用型选择。

花草清单 > 朱蕉、豆瓣绿、白脉椒草

陶土盆
+
绿植

WORK

21

效果点评 > 海芋叶片宽大，植株也肥硕丰满，绿意盎然，成为组合中的主体，基部适当点缀椒草等小植株。米黄的瓷盆为百搭的中性色，很好地衬托出了海芋逼人眼眸的浓绿。适合用于布置书房、卧室，有较好的静心宁神效果。

花草清单 > 海芋、白脉椒草

陶土盆
+
绿植

WORK

22

效果点评 > 此作品中姬凤梨叶片边缘带波浪形皱褶，酷似花边的效果，搭配的陶盆上装饰有一个大大的蝴蝶结。二者都表现出女性的柔美气息，因此非常适合用于布置女孩房。

花草清单 > 文竹、姬凤梨、白脉椒草

陶土盆
+
绿植

WORK

23

效果点评 > 此组合中使用的绿植种类较多，其中彩叶草和蟆叶秋海棠已有丰富的叶色，再加上一株观花的非凤，使得整体搭配的效果略嫌繁杂和冗乱。实际上在组合制作过程中不宜过分地堆砌品种，恰到好处才能达到最佳境界。

花草清单 > 龟背竹、非洲凤仙、蟆叶秋海棠、合果芋、彩叶草、狼尾蕨、七彩大红花

陶土盆
+
绿植

瓷盆
+
绿植

WORK

24

效果点评 > 此组合构成很简单，为群植的栗豆树。栗豆树又名开心果，因为它的种球如鸡蛋般大小，革质肥厚，饱满圆润，富有光泽，宿存盆土表面，成熟后开裂，颇有观赏价值。因为种球同样酷似用翡翠雕琢而成的中国古代元宝，所以又名绿元宝、招财进宝、元宝树。除了可以作为养眼的家居绿饰外，也很适合用它来赠送生意场上的朋友，或祝贺朋友小店开张。

花草清单 > 栗豆树

瓷盆
+
绿植

WORK 25

效果点评 > 此组合构成很简单，为群植的南美苏铁。南美苏铁叶片圆润，青葱油绿，群植更有着类似当下时尚的种子小森林的效果，有着相当不错的观赏价值。另外，苏铁叶片厚实质硬，圆柱形的茎干被坚固叶基所包围，且生命力强韧，在民间素有“避火树”之美称。因此，苏铁组合非常适合摆放在办公室里，它能帮你挡邪避煞、防范小人，助你事业发展顺利、步步高升。

花草清单 > 南美苏铁

瓷盆
+
绿植

WORK 26

效果点评 > 整个组合构成简单，袖珍椰子为主体，基部一簇白脉椒草作为辅衬。袖珍椰子是富有热带风情的秀美绿植，迷人的羽状披针形绿叶随风摇曳的样子优美婆娑，姿态潇洒自如，本身已有绝佳的园艺观赏价值。搭配亮白色瓷盆显得很时尚并富有青春朝气，给人以夏日小清新的好感觉，非常适合用作年轻一族的蜗居绿饰。

花草清单 > 白脉椒草、袖珍椰子

◆ 古早味的石器

石盆
+
绿植

WORK

27

效果点评 > 这是由一系列小巧型绿植组合而成的盆栽。石盆色调暗沉，几株纯绿色的墨西哥铁位置靠后成为背景色，姬凤梨叶色鲜艳，其间点缀了一个小人偶色彩同样很跳，显得很有可爱感，适合作为儿童房的绿饰。

花草清单 > 姬凤梨、墨西哥铁

石钵
+
绿植

WORK

28

效果点评 > 人参榕植株虽小造型却不俗，根茎虬曲株型匀称。翠云草纤细柔软，细密的羽叶发出蓝宝石般的光泽，同样颇具观赏价值。配上由整块原石加工而成的石钵型花器，让我们看到了整体的和谐美。此作品有着地道的中国味和古典风，装饰中式、日式风格家居，尤其布置书房、茶室可谓适得其所。

花草清单 > 人参榕、翠云草

WORK 29

效果点评 > 此作品使用的花器为船形，且在绿植中装饰有一株白珊瑚，呈现出海洋风，别有特色。作品整体小巧玲珑，推荐摆放在书房之中作为案头清供，船形花器恰巧暗合了“学海无涯苦作舟”的古训，有勉励家中学子静心学业、刻苦精进之意。

花草清单 > 光纤草、铜钱草、日本血草

创意花器
+
绿植

石盆
+
绿植

WORK 30

效果点评 > 随意造型的石钵盆给人的印象是充满野趣，组合所使用的绿植也像是从郊外挖来的野生植物。这样的作品如同把大自然搬回家，摆放在书房里特别有助于放松心灵。长时间埋首书堆，头昏眼花的时候抬头看看，可以帮助你重新抖擞精神集中注意力，提高工作和学习的效率。

花草清单 > 合果芋、日本血草

WORK

31

效果点评 > 一般情况下，原色的欧风石质盆多半和色彩绚丽的草花搭配，这里却用于搭配观叶植物，带给我们一种全新的感受。且胡椒木叶形娟秀，虽为彩叶植物，叶色却丝毫没有张扬之感，搭配纹饰粗犷大气的石质盆，其效果犹如一首小夜曲般清新委婉，推荐作为客厅绿饰。

花草清单 > 胡椒木

WORK

32

效果点评 > 七彩大红花作为组合中的主体，植株高挑，叶色鲜艳，有着类似开花植物的效果。但其他三株皆为绿色观叶，加上和花草可以百搭的原色石质盆，整体效果还是相当地清爽大方，比较出彩，推荐作为客厅绿饰。

花草清单 > 肾蕨、花叶薜荔、七彩大红花、胡椒木

石盆
+
绿植

WORK 33

效果点评 > 此组合实际为一件盆景作品，所用绿植为群植的小叶榕。小叶榕长势繁茂，葱茏蓊郁，蔚然如森林。盆景中的山石摆件表达了有茅屋数间，享受着垂钓、饮酒、下棋、读书的自在生活的意思，抒发了隐逸山野的文人情怀。因此非常适合用于布置书房和茶室，不仅有绿饰效果，亦可陶冶性情。

花草清单 > 小叶榕

石质盆
+
绿植

WORK 34

效果点评 > 此组合使用的花器虽为欧风石质盆，但盆形敦圆厚实，盆上的蝴蝶饰纹也颇具童趣和可爱感。选用的绿植当中有彩叶草、七彩大红花等色调丰富的品种，因此整体风格比较活泼、讨喜。除了作为客厅绿饰，装饰儿童房也是不错的选择。

花草清单 > 彩叶草、白脉椒草、七彩大红花

◆ 玲珑剔透玻璃世界

WORK

35

效果点评 > 使用玻璃花器的作品通常看起来都比较清爽，甚至容易给人以水培的错觉。适合用于布置书房，有静心的效果。

花草清单 > 发财树、玲珑冷水花、姬凤梨、富贵竹

WORK

36

效果点评 > 此作品选用的三种绿植组合在一起，叶色比较丰富，叶形也富有变化。搭配的玻璃花器造型尚可，但基质选用彩色石英砂则效果欠佳，因为上下两个部分色彩同样繁复，容易让观者的视觉找不到重点，成为作品明显的缺陷。实际上只需使用纯白色或蓝、白两色石英砂效果便会大为不同，能给人带来水培一般清凉冷静的观感，同时也能更好地衬托出绿植的风采。

花草清单 > 千手观音、网纹草、六月雪

WORK

37

效果点评 > 使用玻璃花器制作的多肉组合和绿植组合是当下非常时尚的家居饰品，晶莹剔透的玻璃器皿充满现代感和唯美气息，总是引人浮想联翩。另外，因为无色透明，它们也是百搭型的花器，无论摆放什么绿植在里面都很 OK，而这应该也是受欢迎的重要原因吧。

花草清单 > 网纹草、姬凤梨、苏铁、金边正木

WORK

38

效果点评 > 在晶莹剔透的玻璃花器里塑造出来的绿色世界，最适合盛夏时节布置家居。简单的美好，在炎炎夏日里带给你和家人清凉的感觉和愉悦的心情。

花草清单 > 白脉椒草、金边正木

WORK

39

效果点评 > 有时候基质的作用同样不容小觑，好像小葱拌豆腐一样一清二白，就是绿植、花器和基质共同营造的视觉效果。清爽宜人的小清新轻轻松松为你驱走夏日的炎热，让你的心平静如水。

花草清单 > 豆瓣绿、沿阶草

玻璃缸 + 绿植

◆ 简约大方塑料盆

WORK

40

效果点评 > 此组合当中选用的绿植都是常见的家庭园艺品种，比较容易养护和打理，作为家居绿饰，能够获得较长时间的观赏期。如在南方，夏季气候闷热，嫣红蔓和常春藤要适当控水，注意不干不浇，避免盆土过湿发生烂根。另外可多对叶片喷水，增加空气湿度。

吊盆 + 绿植

WORK
41

塑料盆
+
绿植

效果点评 > 人参榕茎干虬曲，本身就是很好的观赏型绿植，任意搭配其他绿植而成的组合风格简洁利落，比较适合摆放在书房、茶室，长期观赏。

花草清单 > 人参榕、沿阶草、银边正木

WORK
42

塑料盆
+
绿植

效果点评 > 此组合中作为主体的人参榕枝叶繁茂、茎干造型颇有艺术感，有着金牌级的观赏价值，其他两株绿植的陪衬让组合整体的视觉效果更加丰满。整个作品很有文人气质，适合作为书房、茶室的绿饰。

花草清单 > 人参榕、洒金榕、毛鳞蕨

花草清单 > 波士顿蕨、花叶常春藤、嫣红蔓、彩叶草、皱叶冷水花

◆ 物美价廉树脂盆

WORK

43

效果点评 > 此组合使用的花器为两个对称的树脂盆，且体积较小，只能种植一株花草，显得很有可爱感。观音莲和橡皮树均为花叶品种，因此装饰感也比较强。好似一对双胞胎姐妹，无论对称性地摆放于家居任何位置，都会显得很有生活情趣。

花草清单 > 观音莲、橡皮树

树脂盆
+
绿植

树脂盆
+
绿植

WORK

44

效果点评 > 树脂材质的壁挂盆加上绿植的组合就像挂在墙上的一幅画，难怪有人说花草绿饰也是家居里时尚的软装。酒瓶兰的细叶画出优美的线条，狼尾蕨富有野趣，再配上大叶片的合果芋，令这幅绿饰之画充满生动感。无论挂在哪个房间，都会成为吸睛的视觉焦点。

花草清单 > 合果芋、酒瓶兰、狼尾蕨

树脂盆
+
绿植

WORK

45

效果点评 > 文竹、薜荔和红掌三株绿植陪衬着鲜红的佛焰苞，让人想起古诗里所谓的“万绿丛中一点红”。因佛焰苞色彩鲜艳，相当地夺人眼球，比较适合用于布置餐厅或小型客厅。

花草清单 > 红掌、文竹、花叶薜荔

藤篮
+
绿植

◆ 藤艺·风情

WORK

46

效果点评 > 此组合使用藤篮作为花器，装饰感较强。绿植当中的变叶木叶色多彩，观赏价值较高，其他多株绿叶植物作为陪衬。但变叶木不太耐阴，如果长期缺乏光照或光线不足，会使叶色缺少光泽，还容易落叶。因此在养护过程中须保证一定的光照度，才能获得较长的观赏期。

花草清单 > 虎尾兰、变叶木、花叶薜荔、六月雪、密叶朱蕉、

3. 盆栽花园耐观赏

盆花组合把观花类植物引进到了组合盆栽里，它通常以盆花为主体，其他绿叶植物作为辅衬，来共同构成一个作品。因为是观花类和观叶类花草的混植，盆花组合选择的观花类多为蝴蝶兰、文心兰、非洲堇、君子兰、长寿花、凤梨等。这些花草稍耐半阴，与其他观叶植物习性相近，都适合摆放在室内环境中，才能够混搭在一起，获得较长时间的观赏期。

超有存在感的花朵，加上优秀的色、型搭配设计，盆花组合因此拥有了金牌级的园艺观赏价值。总体来说，上述观花类与绿植的混搭，大多予人以端庄、温婉、娴静、大方的印象和感受，气质宛若大家闺秀，属于“抛头露面”型。因此盆花组合应用在家居绿饰中都能有上乘表现，而它们中的大多数最相宜的摆放位置就是客厅。

最爱是红陶

WORK

01

效果点评 > 蝴蝶兰植株高挑，色彩淡雅，花叶常春藤长势茂盛，株丛纤秀飘逸。搭配的红陶盆上半部缠绕有粗麻绳，增加了原生态的感觉，颇有野趣。两种植物均有较好的耐阴性，可摆放于室内有明亮散射光处如窗边等位置长期观赏。此盆栽若用于布置客厅、餐厅十分相宜，看起来落落大方，令家居生趣盎然。

花草清单 > 蝴蝶兰（黄）、花叶常春藤

红陶盆
+
麻绳
+
植物

原木的田园气息

WORK

02

效果点评 > 此作品的植物构成比较复杂，整体看来绿意葱茏，但万绿丛中却也能看见花色点点，搭配的盆器又是原木材质，因此表现出了浓郁的田园风。此组合体量较大，色调百搭，比较适合用于装饰客厅，能为家居的田园气息大大加分。

花草清单 > 文心兰（黄）、金边瑞香、铁线蕨、蟆叶秋海棠、傅氏蕨

WORK

03

效果点评 > 折扇形木质花器非常少见，本身已属别有创意，搭配文竹和花叶常春藤，愈加彰显出不同凡响的文雅韵味。此组合与中式、日式装修风格的家居十分搭调，摆放在书房里更是适得其所。

花草清单 > 文竹、蝴蝶兰、花叶常春藤

创意花器
+
植物

追逐时尚的陶瓷

欧式陶土盆
+
多肉植物

WORK

04

效果点评 > 从植的郁金香植株高挑成为背景，橘红的花朵和作为前景的明黄色欧报春同属于暖色调，仿佛一束明亮的阳光洒落在面前。此作品最大特点是色彩明媚艳丽，夺人眼球，非常适合用于布置客厅、餐厅，让人仿佛看到美丽的春姑娘翩翩而至，停留在你家做客。

花草清单 > 欧报春（黄）、郁金香（橘红）、花叶常春藤

欧式陶土盆
+
盆花

WORK

05

效果点评 > 两株不同色泽的蝴蝶兰显然是中心主体，左侧的银脉凤尾蕨叶姿舒展，划出优雅的线条，右侧的白色非洲堇看上去小巧娟秀。盆器高大素白，款式简洁大方，对整个组合在色调上也有很好的提亮效果。此作品虽为盆花组合，却丝毫不露喧哗，反而给人以难得的清凉冷静感，显得别具一格。

花草清单 > 蝴蝶兰、非洲堇、凤尾蕨

WORK

06

效果点评 > 从纤细高挑的蝴蝶兰，到中等高度的白掌，到植株低矮的网纹草，再到悬垂型的藤蔓，此组合在造型上给人很好的层次感。一丛青绿映衬着蝴蝶兰的粉色花朵和白掌的白色佛焰苞，显得明朗素净，且蝴蝶兰的粉色也和瓷盆形成呼应。此作品风格沉静、淡雅，是布置书房的上佳选择。

花草清单 > 白掌、蝴蝶兰、常春藤、网纹草

瓷盆
+
盆花

WORK

07

效果点评 > 此组合可取之处在于蝴蝶兰花枝被弯曲成弧线造型显得优美柔和，色彩表现也比较温润，用于布置小餐厅或卧室都十分相宜。

花草清单 > 蝴蝶兰、黄金葛

WORK

08

效果点评 > 国兰修长的叶片纤秀飘逸，彩马桃红间白的花朵点缀其间，分外夺人眼球。搭配的瓷盆造型别致、色彩淡雅温润，下半段为悦目的浅青绿，上半段则如同一段漂亮的蕾丝花边。此作品青山秀水“很江南”，它让我们怀想起小桥流水的梦里水乡，和吴侬软语的苏杭女子。用于搭配中式、日式装修风格的家居应是上佳选择。

花草清单 > 国兰、彩色马蹄莲

瓷盆
+
盆花

瓷盆
+
盆花

WORK

09

效果点评 > 以君子兰制作的组合盆栽并不很多见，然而它宽阔的叶片，对称的株形却显得分外端庄大方。尤其开出橙红色的聚伞状花序来能为家居平添几多喜气，搭配中国红的瓷盆和暗红色网纹草，三者在色调上形成和谐的呼应。此作品非常适合在节日期间的家居布置，能带来浓郁的喜庆气氛。

花草清单 > 君子兰、银脉凤尾蕨、网纹草

瓷盆
+
盆花

WORK 10

效果点评 > 此组合最大的亮点在于所选三种植物都是花市上热卖的吉祥植物。发财树有着“财源滚滚”的花语，代表财源广进；长寿花寓意身体健康，长命百岁；白掌在中国民间则被认为有一种“纯洁平静、祥和安泰”的吉祥寓意，象征着“一帆风顺”。因此，它能为家居调和风水，为主人带来平安、吉祥的护佑，当然也很适合赠送亲朋好友。

花草清单 > 白掌、长寿花、发财树

WORK 11

效果点评 > 斑叶品种的绿萝在市面上还不很常见，另外花艺店里才会见到的银色藤编球的加入，都为组合增加了时尚感。异性陶土盆看似一坨粗糙的黄泥巴，令附着其上的花草显得非常原生态，但换个角度讲，却也给整个组合的时尚感加了分。同时，它让组合作品整体更加个性化，并且摆放在家居的任何位置也都百搭。

花草清单 > 蝴蝶兰、斑叶绿萝、鸡爪蕨

陶土盆
+
盆花

古早味的石器

WORK

12

效果点评 > 亚阿相界有很形象的俗名叫狼牙棒或非洲棒槌树。一眼望去，作为主体蓬勃生长的亚阿相界仿佛就把我们带到了热带雨林，它的狂野豪放与欧式石质盆的粗犷风格可谓相得益彰，而报春和常春藤的加入则起到了很好的柔化效果。此组合的最佳摆放位置应该是在家居的大门口，颇有几分镇宅气势。

花草清单 > 四季报春、花叶常春藤、亚阿相界

欧式石质盆 + 多肉植物

WORK

13

效果点评 > 长寿花、龙骨海棠和彩叶草三者在色彩上形成呼应，加上其他三种观叶小盆栽的陪衬，让整个组合看起来热闹却不显拥挤。欧风石盆纹饰粗犷，植株高低搭配错落有致，星星小花点缀其间，呈现出盎然的野趣意味，却也别有一番风调。

花草清单 > 长寿花、白脉椒草、龙骨海棠、凤梨薄荷、彩叶草、胡椒木

欧式石质盆 + 多肉植物

玲珑剔透玻璃世界

WORK

14

效果点评 > 非洲堇迷你小盆栽在日本和欧美国家风行已久，一直以来有着“窗边精灵”的美誉。因为花色品种繁多，被花友们称为“千面娇娃”而人气大旺。此作品中，四种不同花色的非洲堇极富创意地与水生绿藻组合在了一起，配上清清亮亮的玻璃花器，中间几尾小巧灵动的观赏鱼活泼泼地自在悠游，静态的植物与动态的小鱼相映成趣，给人感觉耳目一新。此盆栽色彩清新悦目，整体看起来十分精致大方，非常适合用于布置客厅、餐厅。如若用来布置书房，却也别有一番娴静气质。

花草清单 > 非洲堇、槐叶萍、黑藻

竹之味·禅之味

15

效果点评 > 欧报春使用的花器为椰壳，蝴蝶兰使用的花器为竹筒和竹蒸笼，并有枯树枝作为装饰，两个盆栽一高一低形成鲜明的错落和对比。底部一方小竹帘加碎石，又十分顺畅地把分离的两者连成一个有机的整体。此作品颇有禅意，表现出浓郁的和风，从中我们也能品出日式花艺的独特味道。整体色调暗沉稳重，与中式、日式装修风格的家居是绝佳搭配。

花草清单 > 欧报春（蓝）、蝴蝶兰（紫红）

4. 多彩草花最俏丽

俏丽、灿烂、妖娆、浪漫、娇美，通常都是我们赋予草花的形容词。它们是花草园艺世界里的美女集中营，由它们混搭而成的组合盆栽是色彩和造型的饕餮盛宴，由此能够带来的视觉冲击力可想而知。

因为基本上都是喜阳植物，草花组合当然不适合摆放在家居环境中，它们的生存空间在花园里。多个草花组合高低错落地摆放在花园入口处就是绝顶聪明的选择，热情而明媚的它们俨然就是充满自然味道的花园欢迎牌，也是最漂亮时髦的礼仪小姐。草花组合用于布置花园同样出色又出彩，几乎个个都能成为无可争议的视觉焦点，就好像商场橱窗里边那些夺人眼球的时装一样。

最爱是红陶

WORK

01

效果点评 > 百日草和观赏草植株高挑，作为背景铺排如同扇面置于后部，矾根为匍匐株型，置于前部，整体在造型上形成错落。米黄色百日草和棕黄色矾根属于同一色系，与作为花器的红陶盆在色调上同样也形成了很好的呼应，三者的类似色搭配给人以沉稳大气的感觉。

花草清单 > 百日草（米黄）、矾根（棕黄）、银须草

WORK

02

效果点评 > 羽衣甘蓝的两朵大花球位于中轴线上成为视觉焦点，两边的紫罗兰花穗是恰到好处的陪衬。色调上来说，从左侧的白色到中间的淡粉色，再到右侧的紫红，属于同一色系的渐进和渐变，呈现出一种和谐之美。作为花器的红陶盆则是草花的百搭神器，是永无差错的选择。

花草清单 > 紫罗兰（白、紫红）、羽衣甘蓝

红陶盆
+
草花

红陶盆
+
草花

WORK

03

效果点评 > 花盘硕大的羽衣甘蓝作为主花，其他品种的草花作为陪衬，此组合可谓主次分明、重点突出。但金黄色万寿菊的加入破坏了整体色调的和谐性，显得很突兀，成为最大的缺陷。

花草清单 > 矮牵牛、雏菊、羽衣甘蓝、万寿菊、翠菊

铁艺·怀旧

WORK

04

效果点评 > 观赏谷子和红苋草两种观赏草的应用给人带来新鲜感，尤其观赏谷子，成为组合中的点睛之笔，不仅大大增加了时尚感，也令原本普通常见的草花组合呈现出浓郁的和风，作为日本料理店的庭院装饰十分相宜。

花草清单 > 矮牵牛、夏堇、美女樱、观赏谷子、红苋草

WORK

05

效果点评 > 此组合虽为草花组合，构成却简单清爽。非洲凤仙马蹄金的加入成为令人激赏的亮点，因为枝蔓格外纤细，大大增加了飘逸的动感，仿佛少女飘飞的发丝或裙裾，与草花的妩媚气质非常搭调。明显的缺陷是花器选配比较粗糙，如能再下些工夫，整体效果会更加出彩。

花草清单 > 日日春、非洲凤仙、马蹄金

原木的田园气息

WORK
06

效果点评>此组合构成非常简单，只是几种不同花色的荷包花（又名蒲包花）而已，但却颇有推广价值。

荷包花因为花形奇特酷似中国古代的荷包而得名，它的花色极为丰富，有各种单色和带斑点的复色品种。荷包花的开花上市时间正值春节，并且有着“荷包满满，财源不断”的吉祥寓意，因此多种花色的荷包花组合盆栽成了上佳的节日礼品花，尤其适合赠送生意场上的朋友。因为它色彩亮丽，摆放于家居之中也是吸睛的软装饰品。

花草清单>荷包花（黄色、暗红、洋红、橙黄复色、黄色带斑）

WORK
07

效果点评>时下流行小清新，用来形容此草花组合作品就十分相宜。纯白色的灯台报春花簇与浅紫、深紫红三色堇为冷色调搭配，给人以清新明朗的感觉。不仅眼前一亮，连心情也跟着变得轻快起来。

花草清单>三色堇（浅紫、紫红）、灯台报春（白）

追逐时尚的陶瓷

WORK

08

效果点评 > 大花品种的欧报春花瓣为蓝紫色，边缘皱瓣且有白色纹脉，看上去十分精致大气。四周的角堇植株花色分别为深紫和紫红，花朵小而密集，簇拥着中间的报春很有众星拱月的感觉。因为草花色调偏暗，搭配白色欧式陶土盆则让整体视觉得以提亮，与草花的西洋气质也相得益彰。

花草清单 > 欧报春（蓝）、角堇（深紫、紫红）

WORK

09

效果点评 > 热闹的草花大集合。虽然百日草与米黄三色堇在色调上形成呼应，但搭配紫红三色堇和白香雪球就显得比较随意。花草用色随心所欲，只好用花器的白色来中和，否则一切将失去章法。白色欧式陶土盆令组合作品的整体风格和色调最终走向平衡。

花草清单 > 百日草（米黄）、三色堇（米黄、紫红）、香雪球（白）

WORK 10

效果点评 > 黄色和橘红的旱金莲同为鲜艳的暖色调，搭配在一起显得明媚灿烂，令观者仿佛沐浴着春天的和煦阳光，而旱金莲的花形看上去也酷似一群彩蝶在绿叶间翩翩飞舞。此组合构成虽然简单，却为我们奏出了动人的春天圆舞曲。

花草清单 > 旱金莲（黄、橘红）、欧芹

古早味的石器

WORK 11

效果点评 > 糖蜜草叶型纤细修长，与植株相对高挑的白晶菊作为后衬背景。色彩鲜艳的三色堇位于视觉中心十分抓人眼球，株型低矮匍匐的三叶草与香雪球位于前沿处，形成漂亮的花边效果。搭配奖杯形的欧式石质盆，深灰的石器本色显得凝重、大方、气派，粗犷的风格也更加反衬出草花的柔美。此组合作品内容丰富，整体效果繁复却不嫌杂乱，更与欧式花艺的华美大气有着异曲同工之妙。

花草清单 > 白晶菊、三色堇（紫红）、香雪球（白）、“红宝石”糖蜜草、三叶草（巧克力）

WORK 12

效果点评 > 此组合有着良好的层次递进感。植株高挑的柠檬柏位于后侧，叶色青绿也成为清爽的背景色，侧边是中等高度的观赏凤梨，最后过渡到前方比较低矮的非凤和网纹草。凤梨鲜红的花穗与非凤的橙红花朵以及红脉网纹草叶片形成色调上的呼应，而花草植株过于张扬的大红大绿则用花器（石盆）质朴的原色加以调和，使整体取得最终的平衡。

花草清单 > 非洲凤仙、观赏凤梨、柠檬柏、网纹草

简约大方塑料盆

WORK 13

效果点评 > 浅紫色的美女樱和深紫色的百万小铃属于近似色搭配，花簇与花朵相间，竞相妩媚，紫色系带来浪漫和梦幻气息。匍匐垂悬的株型让人觉得花儿们开得无拘无束，活得自由、奔放，是那么潇洒和美丽。

花草清单 > 美女樱、百万小铃、金钱薄荷

别致非常椰纤盆

WORK

14

效果点评 > 椰纤盆因为具备鸟巢的质感，装饰意味很浓，所以此组合单看花器就已占尽风光。栽种的花草之中，选用的雏菊、矮牛等主体草花为粉紫色系，银叶菊与花叶鸭跖草一道作为陪衬的观赏草，形色俱佳，时尚感很强，叶色银灰加紫，与草花色调搭配效果非常和谐，因此显得很出彩。

花草清单 > 矮牵牛、雏菊、银叶菊、鸭跖草

藤艺 · 风情

WORK

15

效果点评 > 藤篮有着浓郁的田园气息，与草花、绿植可以百搭。矮牵牛、一串红与非凤等主体草花为红色系，直立的一串红位于中间，两侧的矮牛和非凤为半垂悬性，常春藤增加绿意和飘逸感，这类造型手法最能凸显吊盆的效果。如果养护得当，花朵繁密，应该会是金牌级观赏性的草花组合。

花草清单 > 矮牵牛、一串红、非洲凤仙、花叶常春藤

5. 藤蔓组合显飘逸

藤蔓植物是指茎干柔弱，不能独自直立生长的藤本和蔓生植物，可分为攀援植物、匍匐植物、垂吊植物等。藤蔓类形态特征与众不同，攀援、匍匐、垂吊植物姿态各异，大多给人以轻柔、飘逸感，它们体态纤弱、婀娜、缠绕依附于它物而滋生出独特的风韵，因此备受园艺爱好者钟爱。在组合盆栽中应用较多的藤蔓类是匍匐和垂吊植物，它们通常和直立型观叶植物或其他盆花植物搭配，共同组成一个完整的作品。

具体来说，匍匐植物在组合盆栽中扮演的角色通常用于遮蔽其他直立型绿植的根部和裸露的泥土表面，并形成类似蕾丝花边的绝佳观赏效果。垂吊植物由于枝条向下悬空垂落，形成的曲线或弧线对人的视觉有向盆栽以外牵引的作用，有助于打破整体造型中规中矩的呆板格局，让组合盆栽变得更加随性、自然、活泼、流畅、洒脱，富有生命和动态的美感，呈现出飘逸、优雅之态。实际上，花艺作品中也有类似的造型理论，称之为线条式构图。

原木的田园气息

WORK

01

效果点评 > 造化神奇，野外捡来的树根形态总是千变万化，是纯天然的气质型艺术品。用在这里就是不错的创意花器，令朴素平常的绿植组合变得出彩，有个性。

花草清单 > 散尾葵、富贵竹、花叶常春藤、彩叶粗肋草

根雕花器
+
绿植

WORK

02

效果点评 > 从金钱树到变叶木，到紫鹅绒再到藤蔓植物，整个组合植株的层次感极好。金钱树作为主体高大突出，长势旺盛，厚实光亮的叶片宛若一挂串连起来的钱币，是寓意着“财源茂盛”的吉祥植物，著名的“发财三杰”之一。因此除了日常在客厅中摆放外，也很适合将它赠送给经商的朋友。

花草清单 > 金钱树、变叶木、紫鹅绒、金枝玉叶、网纹草、薜荔

根雕花器
+
绿植

WORK

03

效果点评 > 因为花器造型比较复杂，上面的绿植就应该走简约型路线，这也是一种平衡。苏铁为主体，两种飘逸下垂的藤蔓作为陪衬，因为蔓条纤长缠绕花器，令绿植和花器有了更好的一体感。另外，两块山石的加入还让这个组合多了几分盆景的味道。

花草清单 > 苏铁、花叶薜荔、薜荔

WORK

04

效果点评 > 富贵竹作为主体是有着美好寓意的吉祥植物，并且有着三组不同高度的递进，围绕四周的均为垂悬型绿植或藤蔓，形成良好的层次感。所选的绿植都非常容易打理，均为家居绿饰优选的懒人植物，适合在家居环境中长期摆放。

花草清单 > 富贵竹、吊兰、波士顿蕨、花叶薜荔、变叶木（细叶）

木质花器
+
绿植

WORK

05

效果点评 > 富贵竹高大整齐，如同两扇帅气的屏风，四周围绕低矮植株和藤蔓。整个组合造型丰满，植株井然有序，多而不乱，有很强的气场。而且绿意丰沛生机盎然，有着很好的装饰效果。

花草清单 > 富贵竹、密叶竹蕉、绿萝、花叶薜荔、网纹草、冷水花、薜荔

木质花器
+
绿植

WORK

06

效果点评 > 此作品造型尚可，绿植当中选择了较多花叶品种，故而色彩比一般的绿植组合要丰富，打破常规出现了青绿色系以外的色彩，较有新意。

花草清单 > 也门铁、口红花、蟆叶秋海棠、皱叶冷水花、金币洒金榕、玲珑冷水花

WORK

07

效果点评 > 热热闹闹的绿植大集合，整体效果看起来过于繁复。

花草清单 > 发财树、银脉凤尾蕨、黄金葛、豆瓣绿、蟆叶秋海棠、花叶薜荔、网纹草、玲珑冷水花、虎尾兰、嫣红蔓、花叶常春藤

WORK

08

效果点评 > 此组合中除了文竹，其他几种绿植都是粗放型管理的懒人植物，因此在养护上应多加注意。在日常水肥管理上文竹要有相应的区别对待，才能确保他和其它品种一起健康生长，维持较长的观赏期。

花草清单 > 文竹、虎尾兰、波士顿蕨、花叶常春藤、薜荔

木质花器
+
绿植

木质花器
+
绿植

WORK

09

效果点评 > 双层的防腐木花器不很多见，用于绿饰布置较有新意。但栽种的绿植品种过多，显得冗杂，看起来眼花缭乱，令整体效果打了折扣。

花草清单 > 吊兰、柠檬柏、花叶蔓长春、花叶常春藤、玲珑冷水花、凤梨、狼尾蕨、虎尾兰、合果芋

WORK 10

效果点评 > 株型高大的也门铁为主体，花叶榕为次主体，其他的垂悬型绿植和藤蔓围绕四周形成镶边效果。此组合造型得体，色彩上由青、绿、黄、白四色搭配，和谐温润，可以算得上绿饰佳作。

花草清单 > 也门铁、银脉凤尾蕨、黄金葛、肾蕨、花叶常春藤、花叶榕

木质花器
+
绿植

木盆
+
绿植

WORK 11

效果点评 > 此组合整体造型层次感较好，色彩搭配和谐，是家居绿饰不错的选择。

花草清单 > 也门铁、黄金葛、冷水花、花叶常春藤、花叶榕、薜荔

WORK 12

效果点评 > 此作品色彩比较丰富悦目，但选用的绿植品种较多，整体造型显得过于繁复，略嫌臃肿和沉重，是不足之处。

花草清单 > 发财树、花叶常春藤、花叶榕、虎尾兰、龙血树、鸭跖草、银皇后

陶土盆
+
绿植

追逐时尚的陶瓷

WORK 13

效果点评 > 鹤望兰蓬勃大气，富有热带风情。加上底部一小簇常春藤的点缀，向下牵引出很有飘逸感和流畅感的线条，是花艺造型里常见的手法，恰到好处。两者的搭配令整个盆栽流露出些许与众不同的味道，特别适合用于布置东南亚装修风格的家居。

花草清单 > 鹤望兰、花叶常春藤、合果芋、花叶榕

WORK

14

作效果点评>又是一个小清新风格的作品，小巧玲珑，色调清爽。花器造型也比较别致、个性化。这种冷调的作品最适合装饰书房，清心养眼，提神醒脑。

花草清单 > 书带草、密叶竹蕉、洒金榕、鸭跖草

瓷盆
+
绿植

玻璃花器
+
绿植

玲珑剔透玻璃世界

WORK

15

效果点评 > 此组合作品以清爽见长，植株小巧，色调清淡，搭配的又是透明感的玻璃花器，几乎可媲美水培的效果。盛夏时节家里摆放一盆，即刻会让主人感觉神清气爽，非常养心、悦目。

花草清单 > 白脉椒草、玲珑冷水花、花叶榕

竹之味 · 禅之味

WORK

16

竹质花器
+
绿植

效果点评＞此组合整体造型看起来异常地清简。竹节制成的花器古朴、自然、原生态，同时又显得很有新意。垂搭在两侧的花叶薜荔白色的镶边带来清新感，对组合整体也有很好的提亮效果。作品颇有几分文人风骨，装饰中式、日式书房是上佳选择。

花草清单＞发财树、花叶薜荔

藤艺花器
+
绿植

藤艺 · 风情

WORK

17

效果点评＞富贵竹是象征着吉祥富贵、竹保平安或开运聚财的吉祥植物，茎干扭成弯曲造型的则有转运涵义，所以又名开运竹或转运竹。下面搭配球釜形的藤艺花器，装饰性更强。是馈赠生意场上经商的朋友的绝佳好礼，一定会大受欢迎。

花草清单＞富贵竹、鸭跖草、黄金葛、薜荔

6. 童话世界花生活

在组合盆栽里加进杂货无疑会大大增加整个作品的可爱感，使其更加生动，更富有装饰性。当前市面上出售的组合产品里有相当一部分是带有杂货装饰的，但它们共同的缺陷是选用的杂货饰品不够精致，另外作品通常缺乏明确的主题性。所以总体来说乏善可陈，甚至有时候还给人以画蛇添足之感。

想要更好地表现童话世界花生活，我们不妨从一些热播的动漫作品或经典的童话故事中寻求灵感。当流行动漫主角和经典童话场景与花草植物和谐地搭配在一起时，往往能够为组合作品带来强烈的时尚感，并让组合成为真正“有故事”的组合，从而激发想象力，唤醒童心，带我们走进一个个充满趣味的童话王国。

追逐时尚的陶瓷

WORK 01

效果点评 > 第一眼看到这只装在纸盒里求包养的起司猫，我差点儿笑出声来，它太萌了！《甜甜私房猫》里的主角小起，因为形象可爱令人心疼，早已深入人心广为人知，漫画作者こなみかなた也因这只小猫而大红大紫。此组合中选用的多肉色调均为灰调，与灰褐色的彩陶盆属于近似色搭配，形态则都比较圆润，和虎头虎脑的小起十分相称，极具萌感。

花草清单 > 姬星美人、乙女心、宝石花、金琥

WORK

02

效果点评 > 日本动漫大师宫崎骏创作的龙猫大概能算得上人气最旺的动漫形象之一了吧，园艺市场上流行过款式多样的龙猫花器，可见龙猫形象的深入人心。它的名字叫多多洛，有着圆滚滚的庞大身躯与软软的毛，是森林的守护者，只有善良的孩子才会看见它。此组合中因为有龙猫小玩偶的加入，显得时尚感倍增。不足之处是色调整体偏暗，龙猫形象不够突出。

花草清单 > 石莲花、金琥、琉璃殿、红稚儿

彩陶盆
+
多肉
+
杂货

WORK

03

效果点评 > 白瓷咖啡杯属于非常可爱感的创意花器，搭配浅灰色调的石莲花、红色的阿狸和对面两朵红色小蘑菇，因为色彩鲜艳而显得非常抓人眼球。整个作品构成虽然比较简单，但色调轻快明朗，富有青春活力。

花草清单 > 石莲花

WORK

04

效果点评 > 作为宫崎骏的代表作之一，龙猫的形象早已在全世界各地走红。可以说它无论出现在哪里，都会很讨巧。此组合中选用了小多多洛，不是一只而是一群。米黄色的小龙猫们攀爬在树上，色调与米褐色的彩陶盆完全一致，而群植的花叶络石极具观赏性的斑斓叶色中也有米黄色的斑叶与之相呼应。

花草清单 > 花叶络石

WORK

05

效果点评 > 花器色彩浅淡明亮，组合中的花草选用小绿植而不是多肉，线条更加轻盈简洁，起司猫和越狱小狮子的加入增添了生动的 Q 感。整个组合给人很清爽的感觉，属于典型的“小清新”风格家居绿饰，相信会得到年轻女孩大爱。

花草清单 > 花叶络石、白脉椒草

彩陶盆
+
多肉
+
杂货

陶土盆
+
多肉
+
杂货

WORK

06

效果点评 > 此作品构成比较简单，青绿色迷你陶土盆，只栽了一株长寿花。装饰用的杂货是阿拉蕾，一个活泼、可爱、爱闯祸的机器娃娃，看到她脑袋圆圆、眼镜圆圆的萌态，想起她许多调皮捣蛋的开心故事，你是否又要笑到捧腹呢？

花草清单 > 长寿花

彩陶盆
+
多肉
+
杂货

WORK

07

效果点评 > 船形彩陶盆里栽植的多肉品种繁多，形态都比较圆润，带给人足够的Q感。选择的杂货虽并非当下人气大旺的热门动漫主角，但与多肉一样圆润的小鸭与瓢虫可爱感十足，而且色彩相当鲜艳，布置在色调暗沉的多肉组合之中有很好的提亮效果。作品看起来萌萌有爱，比较适合装饰儿童房。

花草清单 > 姬星美人、白美人、白牡丹、乙女心、锦晃星

WORK

08

效果点评 > 此作品为童话世界里不很多见的冷色调搭配。青绿色泽的多肉，搭配的猫头鹰、河马等杂货均为冷色调，铺面的彩色碎石为蓝白色系，加上白瓷花器都给人很清爽的视觉效果。所以整体看起来没有了幼稚感，相反却呈现出小清新的青春气息，相信会得到年轻一族大爱。

白瓷盆
+
多肉
+
杂货

简约大方塑料盆

WORK

09

效果点评 > 此组合选用的花器是橙色异形盆，所以搭配的杂货为动漫明星悠嘻猴中的嘻嘻。一身橙色打扮的嘻嘻是否依然在幻想着得到一份完美的幸福呢？橙色也是喜欢追逐时髦的嘻嘻最爱的颜色。色彩鲜亮的花器与杂货很好地中和了色调暗沉的多肉，让整个作品看起来很 Q。

花草清单 > 乙女心、观音莲

彩色塑料盆
+
多肉
+
杂货

搪瓷的不老味道

WORK

10

效果点评 > 带波点的青绿色船形搪瓷盆非常有可爱感，里面栽植的多肉形态圆润，穿着囚服咧嘴大笑的越狱小狮子成为这里的主角。此组合选择的花器和杂货色彩都相当鲜亮，多肉色调暗沉，使整体达到均衡。整个作品萌态十足，比较适合装饰儿童房。

花草清单 > 姬星美人、白美人、银手毯

花草清单 > 千佛手、锦晃星

搪瓷盆
+
多肉
+
杂货

7. 种子盆栽讨欢心

自从台湾的林惠兰女士创造性地发明了种子小森林以后，这种别致非常、充满着唯美气息的绿色小盆栽就迅速地成为新兴的园艺时尚，而且好几年来在园艺爱好者心中一直热力不衰。

最开始，林女士也是由于偶然的机缘，观察到山野郊外植物的种子掉落土地上发芽的情形，才对种子发生兴趣并深入研究的。密集的种子在各式精美的花器中悄悄地发芽，静静地生长，慢慢变身而成一片片小小的浓密森林，把它们点缀在狭小的家居或办公空间中，旺盛的生命力令人心生感动，教我们在方寸之间体会无与伦比的自然之美。让我们和林惠兰女士一起，把心浸淫在小森林的无尽绿意里罢。

罗汉松、竹柏、火龙果、金橘、咖啡、柚子、武竹、柑橘，还有一些蔬菜，如萝卜、豌豆等，都是制作种子小森林的常选。

8. 空气凤梨很有爱

空气凤梨有着“外星系植物”的美名，它是地球上唯一完全生于空气中的植物，不用泥土即可生长茂盛，并能绽放出鲜艳的花朵。或许很多人对它还很陌生，但现在已经有越来越多的园艺爱好者开始关注这种特别而有爱的花草了。

奇特的空凤为凤梨科铁兰属植物，自然界中的空凤喜欢攀附在树杈中、岩石上生长，更有一些旱生种类会依附在仙人掌、电线杆上生长，还有的种类会抱成团在干旱的沙漠上随风滚动。

居家栽培的空凤使用的容器主要有枯木、藤篮、玻璃器皿、铁丝、绳索等，可以用彩色线绳吊挂，或把多个不同品种粘贴于木质画框中，都是很有情趣的家居绿饰。

另外，更加有趣的是，每一种空凤除了具有自己的学名外，都有一个与自身形态非常符合的美丽的别名，如章鱼凤梨、电卷发、树猴凤梨、犀牛角、小狐尾、小精灵等。这些别名也让小小空凤变得愈发可爱。

省事又干净、抗逆性极强、无需泥土就能生长、无需盆钵也可站立，让我们在狭窄的生活空间里，忙碌的生活节奏中，享受奇妙空凤带来的开心与快乐吧。